绿色家园——环保从我做起

爱护绿色植物

瑾蔚 编著

大连出版社
DALIAN PUBLISHING HOUSE

图书在版编目（CIP）数据

爱护绿色植物 / 瑾蔚编著. —大连：大连出版社，2018.6（2024.5 重印）
（绿色家园：环保从我做起）
ISBN 978-7-5505-1340-2

Ⅰ. ①爱… Ⅱ. ①瑾… Ⅲ. ①植物—普及读物 Ⅳ. ①Q94-49

中国版本图书馆 CIP 数据核字（2018）第 076106 号

绿色家园——环保从我做起

爱护绿色植物

AIHU LÜSE ZHIWU

责任编辑: 金东秀　李玉芝
封面设计: 李亚兵
责任校对: 张　爽
责任印制: 徐丽红

出版发行者: 大连出版社
地址: 大连市西岗区东北路 161 号
邮编: 116016
电话: 0411－83620573　　0411－83620245
传真: 0411－83610391
网址: http: //www.dlmpm.com
邮箱: dlcbs@dlmpm.com
印刷者: 永清县晔盛亚胶印有限公司

幅面尺寸: 160 mm × 220 mm
印　张: 6
字　数: 90 千字
出版时间: 2018 年 6 月第 1 版
印刷时间: 2024 年 5 月第 2 次印刷
书　号: ISBN 978-7-5505-1340-2
定　价: 30.00 元

前言

植物在地球上随处可见，正是它们将地球从最初的蛮荒状态逐渐变成我们今天看到的绿色家园。植物可以通过阳光的照射，将空气中的二氧化碳和身体里的水分转换为它们生长所需的有机物,同时还能释放出大量氧气,为其他生物提供生存条件。

植物虽然不会动,也不会说话,但它对整个自然界的作用却是非常重要的。除了能够提供食物和氧气外，植物还能吸收一部分空气中的有毒有害物质,对净化空气起到很好的效果。除此之外，植物的根还能将周围的土壤牢牢固定住，防止水土流失。地球上如果没有了植物，包括人类在内的所有动物都将无法生存。可是近年来,由于人们毁林开荒等各种不合理的行为,植物已经遭到了严重的危害,水土流失、土地荒漠化等一系列恶果也随之而来。

为了保护我们的生存环境，我们每一个人都要爱护身边的一草一木,认真从每一件生活小事做起,为地球的未来、为我们的未来,献出自己的力量。

目录

地球上的植物

植物是生物界中的一大类，它们在地球上的许多地区都有分布，无论高山平原、江河湖海，还是沙漠荒滩，到处都能见到它们的身影。这些植物经过了漫长而复杂的演化进程，终于发展成为我们今天随处可见的花草树木。

什么是植物

植物一般只能固定在原地生长，不像动物那样能走能跳。最重要的是，植物可以自己制造出“粮食”来养活自己，而不像动物那样需要吃别的东西才能存活下去。

植物的分类

地球上的植物种类繁多，为了区别和辨认，人们通常将植物分为藻类植物、苔藓植物、蕨类植物、裸子植物和被子植物五大类。

人们以前把蘑菇、木耳等菌类也划入植物中，其实它们既不是植物也不是动物，而是属于大型真菌。

▼ 被子植物是现存植物中种类最多的，我们熟悉的各种美丽的鲜花都是被子植物

▶ 蘑菇

大海里的藻类植物

藻类植物是比较原始的低等植物，也是地球上最早出现的植物。它们的分布范围很广，而且适应性强，对环境要求不高，只要有一点点营养、光照和温度就能够存活。现今藻类植物主要生活在大海里，它们的构造十分简单，看起来就像一团团的叶子。

藻类植物的种类

不同藻类植物的细胞里含有不同的色素，因此呈现出不同的颜色来。人们根据这些颜色将藻类分成蓝藻、红藻、绿藻、褐藻等不同的种类。比如我们吃的海带就是一种褐藻。

▲ 裙带菜

▲ 红藻是一种分布极为广泛的海洋藻类

净化环境

藻类植物能通过光合作用释放氧气，促进细菌活动，加速水中有机物的分解，起到净化海水的作用。有些藻类植物还可以吸收水中的有害物质，减少环境污染。

提供饵料

海洋浮游藻类是海洋中非常重要的初级生产者，它们能够通过光合作用制造有机物质供自己生长，为大海里的鱼虾等生物提供充足的食物。

▶ 海里有许多鱼类都是以浮游藻类为食的

藻类植物的适应能力很强，有些甚至能在零下几十摄氏度的南、北极海域生活，或者在高达85℃的温泉中生活。

重要意义

藻类植物的出现对生物的进化有着重要的意义，今天地球上郁郁葱葱的树木和美丽多姿的花卉，绝大多数是由藻类植物进化而来的。

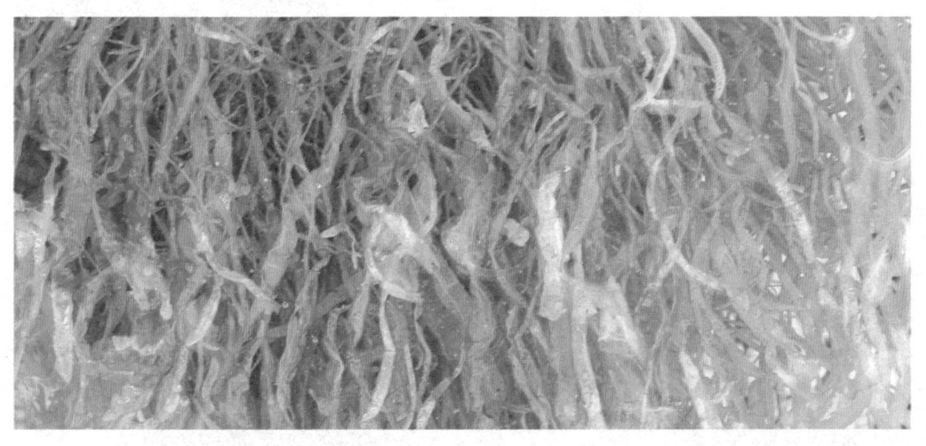

▲ 绿藻的食用价值很高，石莼、浒苔等历来是沿海人民广为采捞的食用海藻

古老的苔藓植物和蕨类植物

苔藓植物和蕨类植物都是地球上比较古老的植物，它们喜欢生活在潮湿的环境里，不过苔藓植物喜欢阴冷，而蕨类植物喜欢温暖。虽然它们现在都比较矮小，但是在古生代时期，蕨类植物曾是高大木本植物，长成过大森林。

▲ 苔藓植物和蕨类植物

苔藓植物和蕨类植物

苔藓植物是一类非常低等的植物，它们通常比较矮小，没有花和种子，一般也没有茎和叶的分化。蕨类植物则略微高级一些，它们不仅有茎和叶，还有了真正的根。但它们不开花，不结果，也不会产生种子。

▶ 蕨类植物

能源形成

蕨类植物在古生代时期曾是非常高大的植物，后来由于地质运动和地球的演变，这些蕨类植物被堆积在地底，成为我们今天使用的各种丰富的能源。

巩固土壤

苔藓植物常常成丛密集生长于阴湿环境中，覆盖在地面上，可减少雨水对土壤的冲刷，在防止水土流失方面起着重要的作用。

▲ 苔藓植物可以用来监测空气污染的程度

检测土质

许多种类的苔藓植物都可以作为检测土壤酸碱度的指示植物，比如生长着白发藓、大金发藓的土壤是酸性土壤，而生长着墙藓的土壤则是碱性土壤。

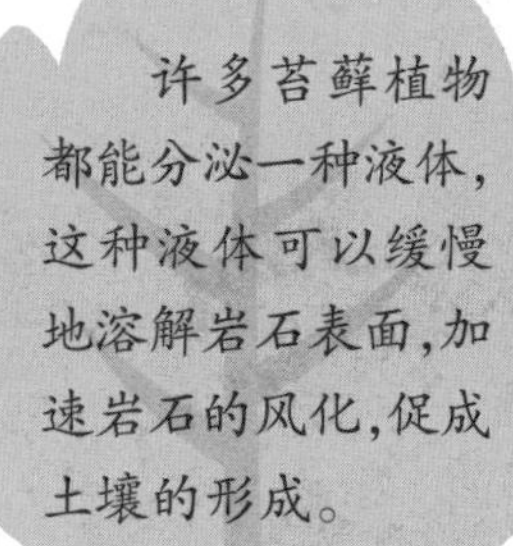

许多苔藓植物都能分泌一种液体，这种液体可以缓慢地溶解岩石表面，加速岩石的风化，促成土壤的形成。

▼ 地面密集丛生的苔藓植物

繁多的种子植物

随着地球不断演变,植物也进化出了更高等的种类,那就是种子植物。种子植物分为裸子植物和被子植物两大类，它们遍布世界各地，是植物中最高等的种类。它们与其他植物种类最大的不同就在于它们能产生种子,并用种子进行繁殖。

◀ 被子植物的一个显著特点就是能开出真正意义上的花

种子植物

种子植物是如今地球上绿色植物的主体，它们都是以种子来繁殖的。其中裸子植物的种子裸露在外,没有果皮包裹,被子植物的种子外面则有一层果皮包裹。

▶ 各种瓜果蔬菜都属于被子植物

种类繁多

现存的种子植物种类繁多，占整个植物界的一多半，我们熟悉的各种高大的树木、美丽的鲜花、瓜果和蔬菜等都属于种子植物。

组成森林

裸子植物大多是高大的乔木，是森林的主要组成部分，在北半球森林中80%以上都是裸子植物。不过它们的种类并不多，是植物界中种类最少的。

▶ 温带森林大多是由裸子植物构成的

营养来源

人类的大部分食物和营养都来自被子植物，我们平时吃的蔬菜、瓜果、谷物、豆类等都是被子植物提供的。不仅是人类，动物的大部分食物和营养也都来自被子植物。

▲ 豆类是我们餐桌上常见的营养食物

当蕨类植物在地球上形成原始森林时，比蕨类植物更高等的裸子植物已经悄然出现了。

植物的器官

植物一共有六大器官，就是根、茎、叶、花、果实和种子，但是只有被子植物具有全部六大器官，其他种类的植物都或多或少有一些缺失。植物的这六大器官在不同方面对我们的环境产生着重要的影响。

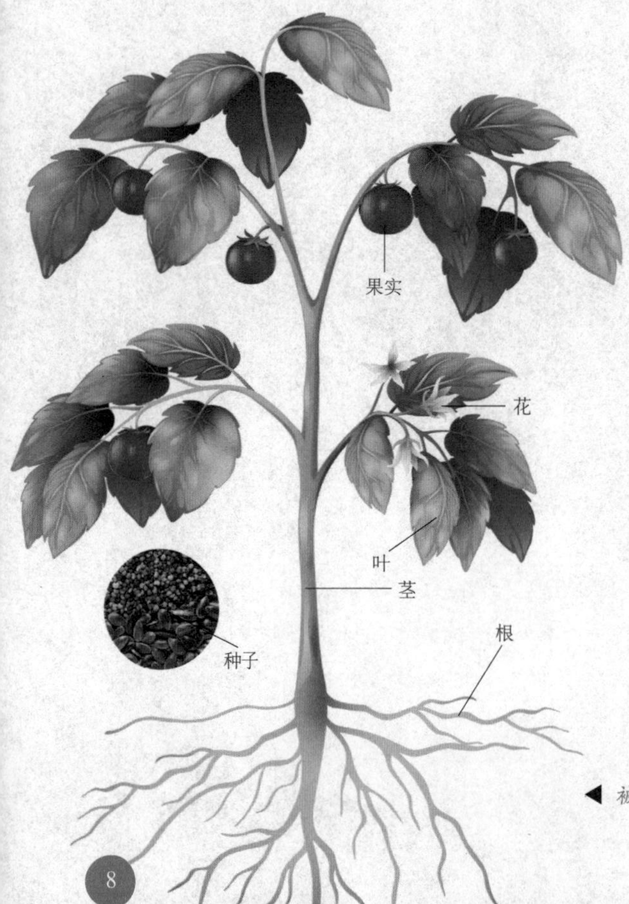

保持水土

植物的根通常生长在地下，它能穿破地表，通过穿插、挤压和缠绕等方式，牢牢地抓住泥土，对避免和减少土壤表层的沙化及流失有很大帮助，很好地起到了保持水土的作用。

运输通道

茎是植物运送水分和其他营养物质的运输通道，它连通植物的各个部分，不仅起到运输作用，同时还能支持植物枝叶不断生长，起到支撑作用。

◀ 被子植物六大器官示意图

制造养分

叶子是植物的重要器官，它不仅能把从空气中吸入的二氧化碳和从土壤中吸收的水分转化成营养物质供植物吸收，还能储存营养，供动物和人类利用。

据测定，1万平方米松树林每昼夜可以分泌大约5千克杀菌素，而柏树则可以达到30千克。

◀ 植物的叶片能在阳光作用下利用光能把吸收到的物质转化成营养，同时释放出氧气

吸收有害气体

植物的叶子是大自然的净化器，有些植物的叶子可以吸收人类排放出来的大量有害气体。还有些植物的叶子可以分泌杀菌素，杀死空气中的多种病菌，给我们创造清洁、新鲜的空气环境。

重要的光合作用

人类和动物都需要进食才可以存活下去，但是植物不一样。植物没有消化系统，只能通过别的方法来吸收营养，这个方法就是光合作用。光合作用是植物存在的重要条件，也为包括人类在内的几乎所有生物的生存提供了物质来源和能量来源。

什么是光合作用

植物通过太阳的光能把空气中的二氧化碳和根吸收到的水分等物质转化成植物生长所需的营养物质，并释放出大量氧气，这个过程就是光合作用。

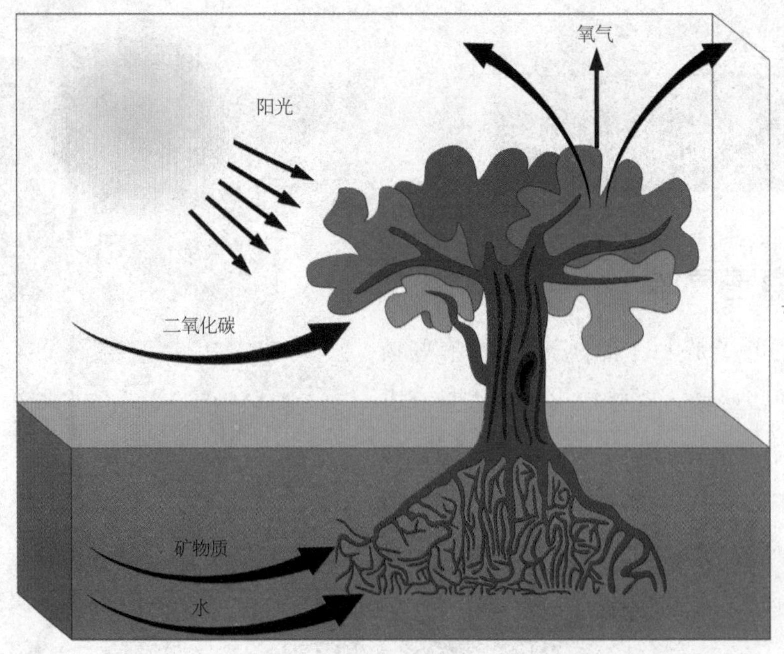

◀ 光合作用示意图

不可缺少的太阳

绝大部分的植物都需要从太阳光中吸取能量，进行光合作用，制造供自己生存的食物，如果没有太阳，地球上便不会有植物。

▲ 如果没有阳光，植物无法进行光合作用，也就无法生存下去

植物光合作用受光照影响非常大，光照不足会限制光合作用，光照太多也会对光合作用产生不利影响。

重要的光能

光能是绿色植物进行光合作用的动力。植物利用光能把二氧化碳和水转化成糖类等有机物质，同时把能量储存在有机物质中。

叶绿体

植物进行光合作用的关键参与者是叶片中的叶绿体。叶绿体普遍存在于植物细胞中，是植物进行光合作用完成能量转化的细胞结构。

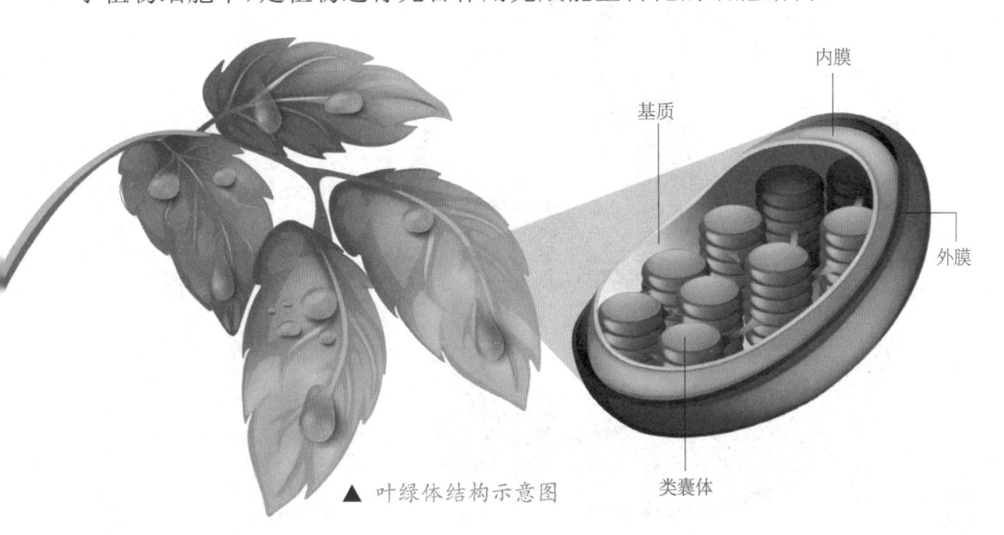

▲ 叶绿体结构示意图

光合作用的影响

光合作用除了对植物有重要意义外，对人类甚至所有生物都有着非常重大的影响。光合作用是地球碳氧循环的重要途径，如果没有植物的光合作用，现有大气中的氧气根本就不能维持地球生物的长期呼吸需求。

制造氧气

植物通过光合作用释放出来的氧气是地球大气层中氧气的主要来源。正是因为有了植物，地球上才有了充足的氧气，其他需要进行有氧呼吸的生物才有了生存和发展的可能。

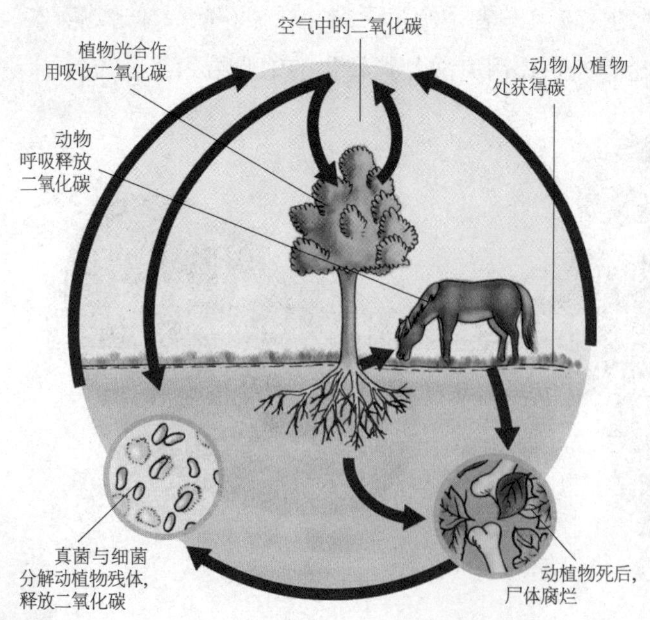

碳氧循环示意图

促进碳氧循环

动植物和人类的呼吸以及燃烧等人类活动都需要消耗氧气释放二氧化碳，而植物的光合作用可以大量吸收空气中的二氧化碳，释放出氧气，这样就形成了生物圈的碳氧循环。

提供食物

植物通过光合作用制造出来的有机物，一部分供自身利用，更多的则是提供给其他生物。据科学家估计，整个地球上的绿色植物光合作用一年所制造的有机物有几千亿吨之多。

▲ 植物利用光合作用制造营养示意图

据科学家计算，植物每年光合作用所转化的太阳能大约是人类活动所需能量的10倍。

能量转化

绿色植物通过光合作用将光能转化成化学能，并储存在光合作用制造的有机物中。地球上几乎所有的生物都是直接或间接利用这些有机物来作为生命活动所需能量的来源。

蒸腾作用

蒸腾作用是水分从活的植物体表面以水蒸气状态散失到大气中的现象。它是绿色植物的一项重要生理活动，同时也为大气提供了大量的水蒸气，能保持空气湿润，使气温降低，让雨水充沛，形成良性循环。

蒸腾过程

植物的根从土壤中吸取足够的水分，这些水分通过植物体内的导管运输到叶片上，最后通过分布在叶片表面的大量气孔散发到空气中，这个过程就是蒸腾作用。

蒸腾拉力

蒸腾拉力是由于植物的蒸腾作用而使水分在植物导管内上升的一种力量。正是因为有蒸腾拉力，植物才能将水分输送到植株较高的部分去，这对高大的乔木尤为重要。

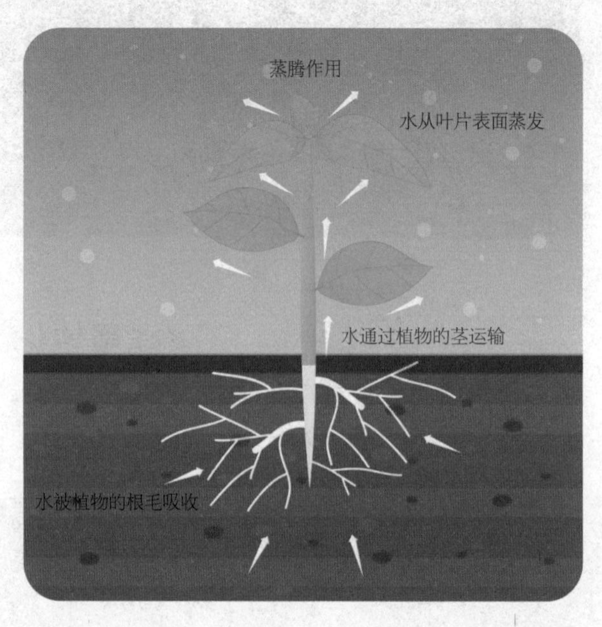

▶ 蒸腾作用示意图

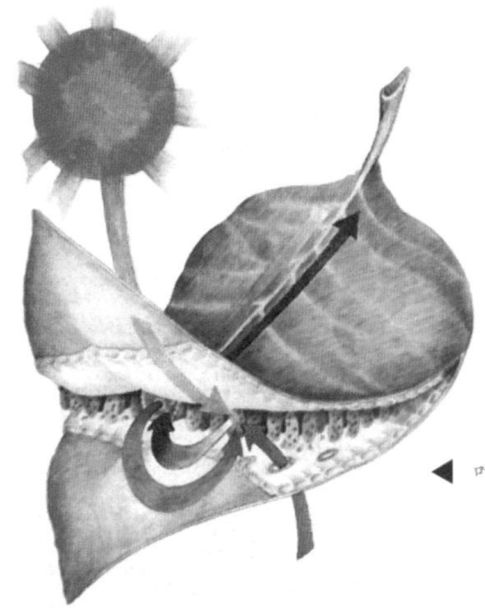

降温散热

蒸腾作用能够帮助植物降温散热。因为植物在散发水分的过程中需要消耗热量，所以蒸腾作用的正常进行能使植物在烈日的照射下保持一定的温度，不致被高温灼伤。

◀ 叶片的蒸腾作用能减轻阳光对它的灼伤

调节局部气候

植物通过蒸腾作用将大量水分散发到空气中，不仅可以降低地表温度，还能增加空气湿度。而空气湿度越大，越有利于形成降水，因此植物的蒸腾作用在一定程度上能起到调节局部气候的作用。

植物除了通过叶片上的气孔进行蒸腾作用外，还可以通过枝条上的皮孔和树干上的裂缝等部位进行蒸腾作用。

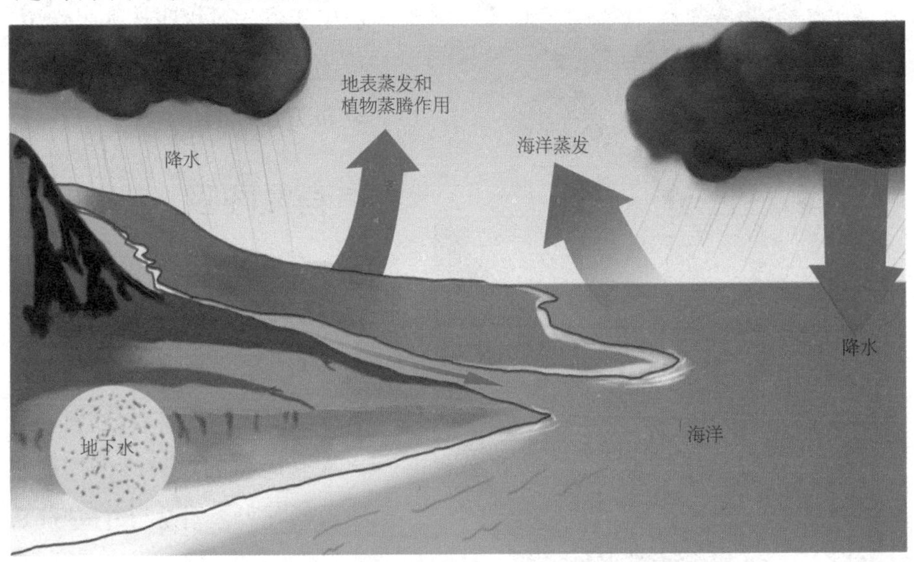

▲ 植物的蒸腾作用也是地球水循环的一个重要组成部分

呼吸作用

白天，植物在阳光下进行光合作用。到了晚上，阳光没有了，光合作用停止，植物就只能进行呼吸作用。呼吸作用是植物新陈代谢的重要组成部分，它可以带来能量，帮助植物继续生长，与植物的生命活动关系密切。

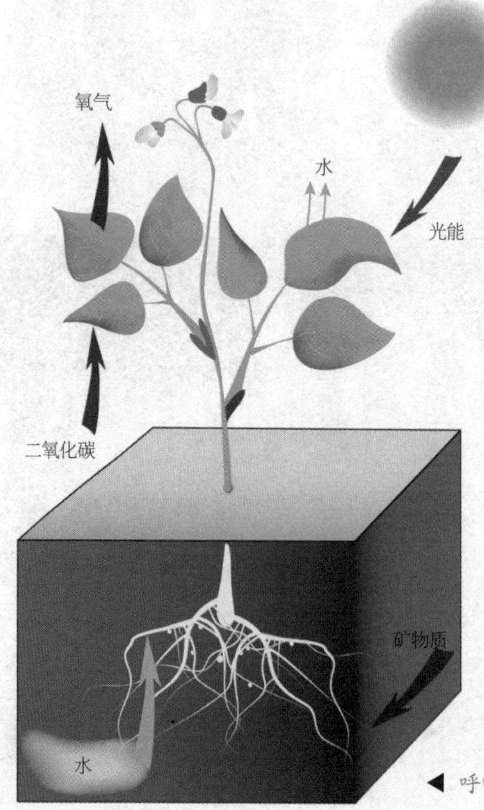

◀ 呼吸作用示意图

作用原理

生物体内的有机物在细胞内经过一系列的氧化分解，最终生成二氧化碳或其他产物，并释放出能量的过程叫作呼吸作用。植物的呼吸作用可分为有氧呼吸和无氧呼吸。

有氧呼吸

有氧呼吸是高等植物呼吸作用的主要形式，指细胞在氧气的参与下把有机物彻底氧化分解成二氧化碳和水等，同时释放出大量能量的过程。人们通常所说的呼吸作用是指有氧呼吸。

无氧呼吸

无氧呼吸广泛发生于植物体内，发生呼吸作用时一般没有氧气的参与，但也能提供少量能量供植物存活。比如种子在萌发的初期，种皮破裂之前进行无氧呼吸，从而获得能量。

▲ 种子在发芽时要进行无氧呼吸

人们利用植物的呼吸作用研发出了发酵技术。我们生活中利用发酵技术的例子有很多，如制造啤酒、酸奶等。

重要意义

呼吸作用不仅能为生物的生命活动提供能量，还能为生物体内其他化合物的合成提供原料，并在一定程度上使大气中二氧化碳和氧气的含量保持平衡。

◀ 植物能使周围的空气变得新鲜

植物与生态

植物对整个地球都有着无可替代的作用。在地球的生态系统中,植物起着提供氧气和食物、净化空气、净化水体、净化土壤、保持水土等作用,它们将新鲜的空气和美好的环境带给我们。失去植物,地球上的所有生物都将无法生存。

拓荒者

绿色植物是地球的拓荒者。地球在诞生初期是一个没有生命的蛮荒世界,直到植物登场后,地球才开始变得生机勃勃起来。

▶ 地球上的动物是在植物出现以后才出现的

▲ 森林对维护生态环境起着决定性的作用

大自然的总调度室

森林能调节自身的温度,冬暖夏凉。不仅如此,森林还能对整个周边环境起到同样的作用。因为它能大量吸收二氧化碳,而二氧化碳又是气候变暖的主要因素,所以,可以说森林是大自然的总调度室。

提供氧气

绿色植物在进行光合作用的过程中，吸收二氧化碳，释放出氧气，这就提供了动物和人类呼吸、燃烧等所需的氧气。

◀ 燃烧会消耗大量氧气

净化污水

水生植物大多都有净化污水的作用，它们不仅可以杀死水中的细菌，增加水中的氧气含量，还能抑制有害藻类繁殖的能力，有利于水体的生物平衡。凤眼蓝、浮萍等植物还能吸收水中的重金属。

▶ 凤眼蓝俗称水葫芦，是一种常见的水生植物

由于滥伐森林造成了严重的水土流失，现在全世界每年有 6 万平方千米的土地沦为沙漠。

植物与人类

植物与人类的生活息息相关，人们的衣、食、住、行，哪一个方面都离不开植物的参与。植物为人类提供氧气、制造食物，我们无法想象，一个没有了植物的地球将会是什么样的。如果地球上没有了植物，那人类就只能面临死亡。

植物制药

我国从几千年前就发现了植物的药用价值，比如菊花有清热解毒的功效。现在的很多药品里面也加入了植物提取物，比如用来治疗感冒的板蓝根冲剂，它的主要成分就是从菘蓝的根中提取的。

◀ 菘蓝是一种十字花科植物，它的根可入药，有清热解毒、凉血消斑、利咽止痛的功效

提供制衣原料

我们穿的很多衣服的原料都是来自植物，比如亚麻、棉花等植物就是制造衣服的主要原料。植物原料制造的衣服不仅穿起来舒服，而且污染比较小。

▲ 棉花结出的棉桃中白色的棉纤维可以纺成纱，再织成柔软的棉布

植物油

向日葵、油菜、花生、芝麻、大豆等植物的果实中中含有丰富的油脂，是我们榨取食用油的主要作物，人们的生活已经不能离开它们了。

失去了植物的地球，将会变得洪水肆虐、黄沙漫天，人类和其他动物也将无法生存。

▶ 向日葵的种子叫葵花子，它富含油脂，可以用来制成葵花子油

经济产物

人类不仅依靠植物生存，还依靠植物来发展经济。许多木材被用在建筑、制作家具以及造纸等方面，还有许多植物被种植，以美化环境或为人们提供绿荫。

▲ 实木家具因为天然无污染、化学添加剂少，一直以来深受人们的喜爱

城市绿化植物

现代城市中出现了越来越多的城市绿化带，人们以低矮的灌木和草坪为主，在城市道路两旁、人行道两旁或是其他地方将一定的地面覆盖或者装点起来。城市绿化带对减少道路扬尘、净化环境、减少交通事故等许多方面都有显著的效果。

绿化植物

城市中人群聚集、车辆众多，人们为了美化环境，就栽种了许多绿色植物，统称为绿化植物。随着城市高楼和汽车的增多，绿化植物成了现代都市必不可少的配套设施。

▲ 城市公路两旁的行道树

改善环境

无论是道路两旁郁郁葱葱的行道树、公园里的小树林，还是路中心的绿化带、花园草地等，都对城市环境起着十分重要的作用。

◀ 公园里的小树林

对人的影响

绿化植物不仅可以净化空气、调节气候、减轻噪声，还可以陶冶人的情操，给人们带来愉悦和安全感。

▲ 绿化植物能让人们感到心情愉悦

种类繁多

城市绿化树木的种类繁多，杨树、垂柳、槐树、银杏、梧桐等都是常见的行道树，城市路边还常见到冬青、黄杨等小灌木带。

法国梧桐是一种很常见的绿化植物，它们的适应性强，又耐修剪整形，因此素有“行道树之王”的美名。

◀ 柳树姿态优美、清丽潇洒，适宜种植在池塘边和湖岸上

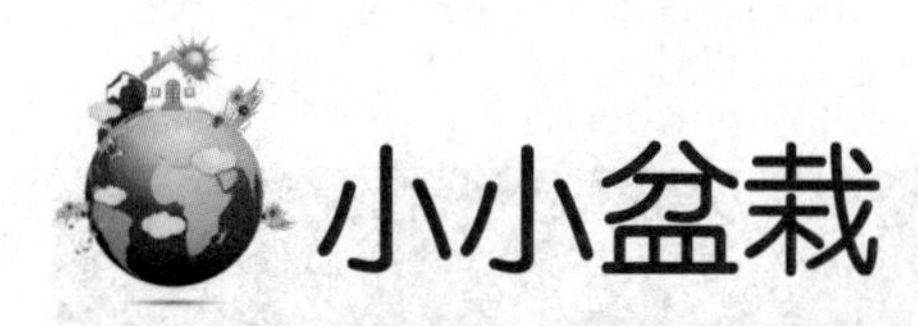

小小盆栽

植物不仅生活在大自然和城市绿化带中，它们还可以出现在我们每一个人的家里。人们把植物种植在各种各样的容器里，摆放在家中，起到净化室内空气、美化家居环境、驱赶蚊虫、愉悦身心等作用。

观叶植物

观叶植物的枝叶可以有效吸附空气中的尘埃等颗粒物，还可以吸收人体排放出来的二氧化碳等废气，释放对人体有益的氧气。文竹、鸭脚木、龟背竹等都是常见的观叶植物。

▶ 龟背竹

▲ 水仙是一种清雅的观花植物

观花植物

在各种各样的植物中，最美丽的莫过于花了。顾名思义，观花植物就是以观花为主的植物，娇嫩欲滴的鲜花不仅能装点居室，还可以帮助人们舒缓紧张的心情。常见的观花植物有很多，比如兰花、水仙、杜鹃、牡丹、月季、昙花等。

▲ 绿萝

办公室植物

人们经常会在办公室里摆放几盆盆栽，这有利于净化办公室的空气，去除部分有害物质，还可放松大家的心情，使员工更加投入地工作。比如绿萝就是一种非常适合摆放在办公室的植物。

许多人喜欢在电脑旁摆放一盆仙人掌，据说可以防辐射。其实这没有科学依据，不过仙人掌能起到净化空气的作用。

家庭植物

盆栽植物多种多样，大小不一，有的能长到半人高，有的迷你盆栽却只有巴掌大，可以随手放在办公桌上。近年来，盆栽已经成为人们家庭美化装饰的一大时尚。

▲ 在家中种上一些盆栽，能起到装饰的作用，美化人们的居住环境

植被分布

我们把覆盖在地球上某一个地区的植物群落叫作植被。植被根据不同的气候、土壤、地形以及水资源等条件分为不同的类型，总的来说，有海洋植被与陆地植被两大类。不论什么类型的植被，都对当地的自然环境有着极大的影响。

植物群落

植物群落是指生活在一定区域内的所有植物种群的集合，它是各种植物通过互惠、竞争等互相作用而形成的一个组合，是不同植物在一起适应共同生存环境的结果。

植被类型对土壤的形成有直接影响，比如富含有机物的黑土就是在草地或热带稀树草原植被的影响下形成的。

◀ 黑土是一种十分肥沃的土壤，非常适合植物生长

海洋植被

海洋里也有植物覆盖，那里生活着许多藻类植物、红树植物和海草。它们不仅为海洋动物提供了食物，还在海洋沿岸组成了生物群落，为那里的生物提供栖息地，促进了生物的发展进化。

▲ 海草是一类生活在浅水中的单子叶草本植物，它们的生长和繁殖速度很快，能为大海中的鱼虾提供大量食物

陆地植被

陆地上的植被分布要复杂得多，人们依据植物的种类组成、数量、结构、生态等特点，将它们分为森林植被、草原植被、草甸植被等等。每一种植被类型都是当地生态系统的重要组成部分。

▲ 森林是自然界中一种重要的生态系统

森林里的树木

树木是森林的主要成员，一般包括高大的乔木、低矮的灌木和木质藤本植物。榕树、杨树、柳树、柏树等都是我们生活中常见的树木。在地球上的树木王国中，有数以万计的树木，人们通常将树木分为针叶树和阔叶树两种。

树木的特点

树木一般比较高大，且拥有强壮的树干，枝杈上还长着树叶。在森林中，高的树干可以使树叶照射到更多阳光，并避免叶子被动物所破坏。

▲ 树木可以调节气候、净化空气

树木的作用

树木的根系发达，可以伸入地下很深处，牢牢抓住周围的泥土，很好地起到防止水土流失的作用。另外，树木通过光合作用还可以制造出大量的氧气，通过蒸腾作用给空气带来许多水蒸气，起到净化空气、调节气候的作用。

▲ 一般越高大的树木，根系也越发达

针叶树

针叶树因为细长如针状的叶子而得名，大约有500种，一般为常绿植物，包括松树、柏树、冷杉、云杉等。

树木还是城市绿化的重要组成部分，人们通常会选择银杏、槐树、枫树等树种作为城市绿化的主要树种。

▲ 柏树是一种极为常见的针叶树，在我国各地都有分布

阔叶树

相对针叶树，阔叶树的叶子宽阔而扁平，大多生活在热带和亚热带地区。桂树、樟树、栎树、楠木等都属于阔叶树。

◀ 桂树是一种常绿乔木，也是我国特产的观赏花木和芳香树。它的树姿飘逸，碧枝绿叶，四季常青

茂密的森林

大量的树木生活在一起，就组成了森林。森林的类型有很多种，按其在陆地上的分布可以分为针叶林、针阔叶混交林、落叶阔叶林、常绿阔叶林、热带雨林、红树林、灌木林等，每一种类型的森林都具有各自独特的特征和作用。

针叶林

针叶林由针叶树组成，是主要分布在温带和寒带地区的地带性植被，也是分布最靠北的森林。它为栖息在寒冷地区的动物提供了丰富的食物和优良的生存环境。

▶ 西伯利亚针叶林是世界上最大的森林，主要由落叶松、云杉和红松组成

▲ 木材通常都取自树木的树干部分，因此能充当木材的植物都是木本植物

阔叶林

阔叶林指由阔叶树组成的森林，可以分为常绿阔叶林和落叶阔叶林两种。阔叶林的组成树种繁多，中国的经济林树种大部分是阔叶树种。它们不仅为人们提供了木材，还可以用来生产粮油、橡胶、药材等产品。

▲ 针阔叶混交林中往往既有针叶树，又有阔叶树

针阔叶混交林

针阔叶混交林是寒温带针叶林和夏绿阔叶林间的过渡类型。这样的森林层次分明，更有利于树木充分利用空间、光照和雨水，增强抵抗自然灾害的能力，从而更有效地提高土壤肥力。

灌木林

灌木林通常由灌木和小乔木组成。灌木不像乔木那样具有明显的主干，也没有乔木高大，但它同样在改善生态环境、防止水土流失和提供原材料等方面具有重要的作用。

人们将每年的3月21日定为世界森林日，旨在通过协调人类与森林的关系，实现森林资源的可持续利用。

▲ 灌木具有适应性强、繁殖简单等优势，因此在现代城市绿化中具有不可替代的作用

森林的作用

森林作为一种重要的生态系统，起着吸收二氧化碳、释放氧气、改善人类居住环境、提供资源、涵养水源、净化空气等诸多作用。如果没有森林，陆地上绝大多数的生物都将面临灭绝，人类也将面临严重的生存问题。

▲ 森林里除了高大的树木外，还生长着各类低矮的灌木以及草本植物

氧气制造厂

森林被誉为“地球之肺”，这里植物生长密集，光合作用强，每天都可以产生大量氧气。比如1.5万平方千米的阔叶林一天就可以产生10万千克左右的氧气。

丰富的资源

森林为人类提供着生产和生活所必需的各种资源。人们用木材来造房子、修铁路、架桥梁、造纸、做家具等，森林里出产的各种资源还为人类和动物提供了食物。

▲ 将木材制作成纸浆，再经过脱水、干燥、压光等一系列过程就制作出我们用的纸

生物栖息地

森林为众多动物提供了广阔的栖息地，也是不同种类植物的生长地，是地球上生物繁衍最为活跃的区域，是保护生物多样性的重要区域。

▲ 各种各样的森林动物

调节气候

森林可以将大部分雨水储藏在树下的枯枝败叶和土壤里，然后通过蒸腾作用返回大气，在水的自然循环中发挥着重要的作用，使林区的空气变得更加湿润，降水增加，有效调节当地气候。

在高温的夏季，森林里的气温比外面要低，而冬季气温则比外面要高，所以森林可以说是大自然的“绿色空调”。

▶ 森林对周边环境起着十分重要的作用

热带雨林

热带雨林是一种独特的森林生态系统，常见于赤道附近热带地区，那里常年气候炎热，雨量充沛，是世界上大部分动植物物种的栖息地。热带雨林是地球赐予人类的宝贵资源，也是地球上必不可少的重要部分。

植物王国

热带雨林中孕育了种类繁多的植物。它们有高有矮，上有以浓密的树冠遮天蔽日的高大乔木，下有从缝隙中寻找阳光的幼树和矮小植物，在接近地面的地方，还有蕨类、苔藓和藻类植物。

▲ 亚马孙热带雨林

▲ 热带雨林的巨嘴鸟

物种多样

热带雨林蕴藏着世界上最丰富、最多样的生物资源，这里昆虫、植物、鸟类和其他生物种类多达数百万种，在维持生态平衡、防止环境恶化等方面发挥着极大的作用。

净化空气

热带雨林众多的森林资源意味着可以带来充足的氧气，还能吸收空气中的大量有害气体和病菌。热带雨林就像一个超级大型的空气加工厂一样，源源不断地将被污染了的空气净化成为清新的空气。

热带雨林的面积仅占地球陆地面积的很小一部分，但是它所包含的植物总数却占到了全世界植物总数的一半左右。

▲ 热带雨林中的生物有着鲜明的层次。图为热带雨林生物层次结构示意图

影响气候

热带雨林终年湿热，植物茂盛，能够吸收空气中大量的二氧化碳，释放出大量的氧气，对全球气候具有极大的影响。

红树林

热带、亚热带海岸边的潮间带生长着一种特别的森林，叫作红树林。这种森林以红树植物为主体，受周期性潮水浸淹，是陆地向海洋过渡的特殊生态系统。红树林对保护海岸、减轻海浪冲击危害、维护生态平衡等具有巨大的作用。

奇特的根系

红树植物的突出特征就是它们那奇特的根系。红树的根系非常发达，从枝干上长出的根扎入泥滩里，能保持植株的稳定。与此同时，红树还能从根部长出许多指状的气生根露出地面，在退潮甚至被海水淹没时用来通气。

▼ 红树林是一种物种十分多样的生态系统，生物资源非常丰富

1986年，中国广西沿海发生了特大风暴潮，导致损失惨重，但凡是有红树林分布的地方，损失就比别的地方小得多。

海岸卫士

红树植物发达的根系能够有效地滞留住从陆地来的泥沙，茂密高大的植株就像一道道绿色的长城，抵挡风浪的袭击。

▲ 红树林密集而发达的支柱根能牢牢扎进海岸边的淤泥里

▲ 栖息在红树林间的大白鹭

海鸟栖息地

红树林里生活着许多海洋贝类动物和浮游生物，为来这里栖息的海鸟提供了充足的食物和繁殖的场所，同时这里也是许多候鸟越冬和迁徙中转站。

净化水体

水中的氮磷营养元素过多，会使水生植物和藻类大量繁殖，导致水体透明度下降、水质变化、鱼类及其他生物大量死亡。而红树植物对氮磷营养元素具有很强的吸收能力，能起到净化水体的作用。

全球森林资源

森林资源是地球重要的资源，它不仅能为人类提供宝贵的木材和原材料，同时还能提供人类所需的其他资源。更重要的是，森林具有调节气候、保持水土、净化空气等多项功能，是支持人类生存发展的必要条件。

森林覆盖率

森林覆盖率是指一个国家或地区森林面积占土地面积的百分比，是反映一个国家或地区森林面积占有情况、森林资源丰富程度以及实现绿化程度的指标。

▲ 日本屋久岛国家公园。这里有茂密的森林保护区，植物资源十分丰富

▲ 正在消失的亚马孙热带雨林

现状分析

联合国环境规划署报告称，目前全球森林已经减少了一半左右，全球每年消失的森林达 5 万平方千米。尽管现在森林退化和消失的速度有所减缓，但每天仍有上百平方千米的森林消失。

森林缩减的原因

随着社会生产的发展，人们为了经济利益，一味地毁林开荒、砍伐树木，再加上酸雨、洪灾、森林火灾等自然灾害的破坏，森林资源已经大为缩减。

巴西拥有非常丰富的森林资源，亚马孙热带雨林大部分在巴西境内，但他们每年丧失的森林却高达 2 万平方千米。

◀ 森林火灾、人工砍伐、污染等都是造成森林锐减的重要原因

我国森林资源

我国国土辽阔，人口众多，森林资源虽然丰富，但人均占有量相对不足，人均森林面积只有世界人均水平的1/4左右。而且我国森林资源还面临着森林质量不高、分布不均的状况，在林业发展方面有着巨大的压力和挑战。

森林资源丰富

第八次全国森林资源清查结果显示，我国森林面积达200万平方千米，森林覆盖率在21%左右，居世界前列，森林资源比较丰富。

人均占有量少

虽然我国拥有丰富的森林资源，但是由于人口基数太大，我国的人均森林面积很小，还远远达不到世界人均水平。

◀ 张家界森林公园位于湖南省张家界市境内，是我国第一个国家森林公园

森林质量不高

经过几十年的艰苦努力，我国的人工林建设取得了巨大成绩，但是由于人工林结构不合理、管理不到位等各种原因，林木质量还有待提高。

面对严峻的森林资源问题，我国制定了一系列对策和措施，现在情况已经有了明显好转，森林总量在持续增长。

▲ 和人工林比起来，天然森林具有环境适应力强、结构分布稳定等优点

地区分布不均

我国的森林资源分布极不均衡，全国绝大部分森林资源集中分布在东北、西南等边远山区和台湾山地以及东南丘陵地区，而广大的西北地区森林资源则非常匮乏。

▲ 我国东北地区森林覆盖面积十分广阔

森林受到的威胁

随着人类社会的不断发展，森林面临的威胁越来越大，人类给森林带来的伤害是森林资源大幅度减少的主要原因。森林与人类息息相关，是人类的亲密伙伴，破坏森林就是在破坏人类赖以生存的自然环境。

过度开发

人们为了得到更多的耕地，不计后果地毁林开荒，导致森林植被遭到严重破坏，森林面积进一步减少。森林被破坏通常会造成大规模的水土侵蚀，加剧土地沙化、滑坡和泥石流等自然灾害。

▶ 泥石流摧毁了道路

兴建城镇

近百年来，人们不断扩大城镇规模，甚至不惜牺牲周边自然环境，大面积开山，毁掉的森林难以计数。

◀ 现代化城市进程对森林造成了毁灭性的破坏

▲ 大型的伐木机器一天能砍伐大量树木

发展经济

我国是木材消耗大国，许多木材被用在制造一次性用具、纸张、家具等产业，而且为了经济利益，人们毫无节制地采伐森林，导致新生长的森林根本补不上人们砍掉的森林。

森林火灾

森林火灾也是造成森林损毁的一大原因，我国每年平均发生森林火灾上万次，烧毁森林面积多达几十万至上百万公顷，直接减少森林面积，严重破坏森林环境。

1987 年，我国黑龙江省大兴安岭发生特大森林火灾，烧毁面积达 100 多万公顷，损失惨重。

▲ 森林火灾对森林的危害极大，所以在森林中一定要小心火种

不断减少的森林

近几十年来，由于人们对森林的大量消耗与破坏，森林保护的形势日趋严峻。地球上几乎一半的原始森林已经消失，剩下的也因为遭到破坏而岌岌可危。亚马孙热带雨林、刚果雨林等大型森林不断退化，地球上的森林面积正在逐年减少。

▲ 亚马孙热带雨林占地700万平方千米，森林茂密，植物种类众多

亚马孙热带雨林的呼声

近年来，亚马孙热带雨林地区毁林速度惊人，到目前为止被毁坏的森林面积已经达到了几十万平方千米，平均每8秒就有一个足球场大小的森林消失。如果不及时采取保护措施，我们将失去这片茂密的森林。

刚果雨林在哭泣

刚果雨林面积广阔，仅次于亚马孙热带雨林。但这个热带雨林的面积目前正以每年3000多平方千米的速度减少，该地区的森林采伐速度已经超出了森林再生能力的极限。

▲ 刚果雨林拥有丰富的森林资源，不仅树种繁多，还是乌木、红木等名贵树种的主要产地

大兴安岭的兴衰

由于过度采伐与人为破坏，我国的大兴安岭原始森林已经所剩无几。现在的大兴安岭大部分是后来在人们的刻意保护下重新长成的森林。

▲ 流经大兴安岭的多条河流给这里的森林生长提供了充足的水源

原始森林是天然形成的没有遭到人为破坏的完整生物圈，往往保留了该地区独特的生态特征，意义重大。

红树林面积锐减

在过去的几十年间，由于围海造田、发展滩涂养殖业等原因，红树林的面积锐减，全球有 1/3 左右的红树林已经消失。

◀ 红树林具有净化水体、净化空气和巩固土壤的功能，被誉为“绿色氧吧”

广阔的草原

草原不仅是地球上分布最广的植被类型，同时也是一种重要的地球生态系统。它占据着地球上森林与荒漠之间的广阔地带，覆盖着许多生态环境十分恶劣的地区。草原不仅给我们带来许多生活所需的产物，而且还是重要的生态屏障。

形成原因

一个地区的土壤层太薄，或者是受当地气候影响，降水比较少，生存环境比较差，这时候需求少、生命力顽强的草本植物便在这里大量繁衍，形成了草原。

草原类型

草原不仅有天然形成的，也有人工种植的。当天然草原长势不好时，人们会种植一些人工草场，以弥补天然草原的不足。天然草原分为热带草原和温带草原两大类。

热带草原

热带草原主要位于非洲中部、南美洲巴西大部、澳大利亚大陆北部和东部地区，这里生活着许多耐旱植物，以及狮子、猎豹等大型食肉动物和长颈鹿、斑马等食草动物。

▲ 非洲草原上的长颈鹿和羚羊

▲ 呼伦贝尔草原

位于我国内蒙古自治区的呼伦贝尔草原是世界著名的天然牧场，这里地域辽阔，河流纵横交错，湖泊星罗棋布。

温带草原

温带草原大部分都在欧亚草原区和北美草原区，我国的草原就属于欧亚草原区的一部分。温带草原不仅拥有丰富的物种，同时也是发展畜牧业的基地，我国的重要牧区都分布在温带草原上。

草原的作用

草原不仅在保护地球生态环境与生物多样性方面具有不可替代的重要作用，而且在防风固沙、防止水土流失等方面的作用是其他生态系统所不能及的。要是没有草原，大片的土地将变成黄沙漫天的荒漠。

防风固沙

成片的草原植被有助于提高土地与空气接触面的粗糙程度，降低地表风速，从而起到减少风力侵蚀的作用。草原上的许多植物能将发达的根系深深植入土壤中，牢牢地将土壤固定，是生态环境稳定的保障。

▲ 草原植物主要是低矮的草本植物

涵养水源

草原不仅具有截留降水的作用，而且比空旷的土地更具渗透性和保水能力，对涵养土壤中的水分有着重要的意义。

◀ 草原上的土壤很薄，土层含水量也不多，因此涵养土壤中的水分就显得格外重要

维持生物多样性

草原占据着地球上森林与荒漠之间的广阔中间地带，复杂的自然条件维系了草原生态系统高度丰富的生物多样性。这里不仅生活着多种草本植物，还有许多鸟类、哺乳动物、昆虫等存在。

海拔4000米以上的高山寒冷、干燥、风力强劲，但那里依然生长着茂密的草原，这样的草原被称为高山草原。

▲ 青藏高原地区海拔高、气候寒冷，却拥有我国最大的高山草原区

天然牧场

草原不仅对生态环境有着重要的作用，对人类的经济生活也有极大的用处。我们喝的牛奶等奶制品的原材料就来自大草原，没有这些天然牧场，我们也享受不到这些物质。

◀ 我们平时喝的牛奶是从奶牛身上挤出来的，而广阔的草原无疑是奶牛最好的牧场

重要的牧区

人们利用广大的天然草原来发展经济，主要是建立牧区。牧区是人们在草原上采取放牧的方式来经营畜牧业的地区。这些牧区为我们提供了各种牛羊肉产品，以及非常健康的牛羊奶和羊毛等产物，是经济发展的一个重要方面。

内蒙古牧区

内蒙古牧区是我国最大的牧区，这里的草原占据了几十万平方千米的土地，蓄养着大小牲畜几千万头，是我国重要的肉制品和奶制品产地。

▲ 内蒙古牧区东起大兴安岭，西至额济纳戈壁，面积88万多平方千米

▲ 牧羊人带着牧羊犬赶羊是牧区最常见的场景

新疆牧区

新疆牧区是我国的第二大牧区，这里草场类型十分多样，牧草品质优良，给畜牧业发展提供了有利条件，带动了多种经济产业的发展，为大量人员提供了工作岗位。

西藏牧区

西藏牧区多数是高寒草甸草原牧区，这里由于特殊的自然环境，成为我国藏牦牛、藏羊、藏马等的主要产地，很大程度上帮助当地人民改善了生活。

▲ 西藏纳木措湖边的牦牛

人们在草原上放养的牲畜数量如果超出草原的承载能力，就很容易造成草原退化甚至消失，危害生态环境。

青海牧区

青海牧区是我国的第四大牧区，这里是全国牦牛产量最高的地区，同时也是牦牛质量最好的地区，我国将近40%的牦牛产自青海牧区。

▲ 青海牧区的牦牛

草原退化

草原生态比较脆弱，容易受到自然灾害、人为破坏等原因的影响。如果草原被破坏的速度大大超过草原自身调节的速度，就会出现草原质量下降，草原面积缩减、退化甚至消失的恶劣后果，将会严重制约当地的经济发展，影响人们的生活。

退化现状

我国是草原退化非常严重的国家，有一多半的草地已经或正在退化，且退化面积以每年上万平方千米的速度递增。尽管人们一直在不断发展人工种植草地，但是建设速度远远赶不上退化速度。

▲ 草原退化是一个全球性的生态环境问题

造成原因

过度放牧是造成草原退化的主要原因，人们为了追求眼前的利益，不顾长远发展，掠夺式利用草原资源，致使草原退化日益严重。另外，长期干旱、鼠害、病虫害等也是造成草原持续退化的原因。

▶ 城市里的沙尘天气

严重危害

草原退化后取而代之的是土地荒漠化，并且不断蔓延至周围的土地，导致越来越多的沙尘暴灾害发生，对人们的生活和健康产生了很大影响。

内蒙古草原由于过度放牧，草原植被破坏严重，是造成近年来北京沙尘暴增多的主要原因。

▶ 正在退化的草原

治理措施

治理草原退化的关键在于科学控制放牧，合理规划放牧模式，给予草原一定的恢复期。另外，兴修水利工程，给草原提供一个良好的生长环境等也是不错的办法，对解决草原退化有明显帮助。

▶ 水利工程

顽强的沙漠植物

植物的生命力十分顽强，在一些你想象不到的地方，它们同样可以生长下去。沙漠或者一些长期干旱的地方，除了夜晚以外几乎一直在烈日的暴晒下，水分奇缺，但是仍然有植物顽强地生活在那里，给那里带来勃勃生机。

退化的叶片

沙漠植物为了适应严酷的生存环境，有的叶片缩小或退化，呈鳞状、针刺状或无叶状态，以减少水分的蒸发；有的变为厚厚的肉质叶，可以储存大量水分。

发达的根系

沙漠中的大多数植物都具有非常发达的根系，可以深深地伸入地下，从很远的地方吸收水分，有时候这些植物的地下根系要比地面上的植株大好几倍。

◀ 仙人掌是一种常见的沙漠植物，它的种类繁多，形状也千奇百怪。有些柱状仙人掌十分高大，能长到好几米高

▼ 绿洲是沙漠中长满水草的绿地，它给沙漠带来勃勃生机

沙漠绿洲

在沙漠地下水比较充足的地方，植物可能会在这里生长繁衍，形成生机勃勃的沙漠绿洲。绿洲一般指沙漠中长有水草的绿地，这些植物可以牢牢锁住水分，给沙漠带来勃勃生机。

▲ 千岁兰

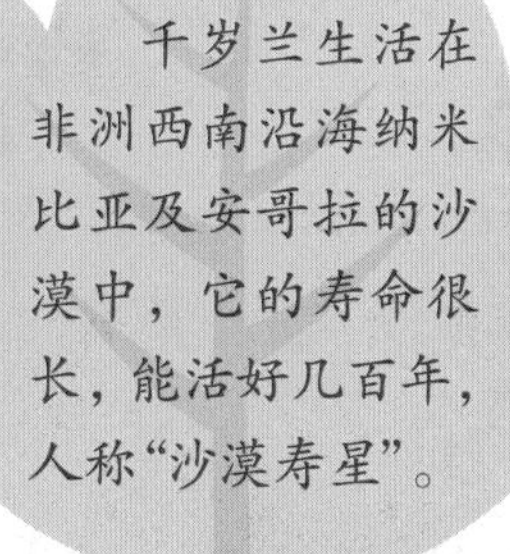

千岁兰生活在非洲西南沿海纳米比亚及安哥拉的沙漠中，它的寿命很长，能活好几百年，人称“沙漠寿星”。

重要作用

顽强的沙漠植物给黄沙遍地的沙漠带来了一份生机，养活了沙漠中的众多动物，关键时刻还能救助沙漠中干渴的旅人。比如猴面包树就是沙漠中的救星，它的树干中蕴藏着大量水分，轻轻一划就能涌出水来。

▲ 猴面包树粗壮的树干里储存了许多水分，可以为沙漠中干渴的人们提供水源

不怕冷的极地植物

生存环境恶劣的地区不仅有沙漠，还有地球的南极和北极。极地地区终年被白雪覆盖，环境恶劣，是地球上最寒冷的地方。不过这里仍然有一些植物在顽强地生长着，我们将这些植物称为极地植物。

生长期短

极地植物生长的地带温度较低，因此生长期短。它们一般叶子较小，由于叶子里含有花色素，所以大多数呈红色。

▲ 红藻

在南极冰冷的海水中，生长着很多红藻。即使在深海中，红藻也能吸收微弱的蓝光和绿光，为自己制造营养。

▼ 北极苔原越桔

耐寒力强

极地植物一般都具有良好的耐寒能力。比如生活在北极的辣根菜能忍受零下40℃的低温，即使它的花和嫩果被冻结，第二年春天它照样能继续发育，堪称“抗寒英雄”。

◀ 辣根菜

北极花朵

北极地区没有南极那么严寒，因此植物的种类也比南极多。这里甚至还生长着一些美丽的花朵，如勿忘草、仙女木、罂粟花等，它们在夏天气温升高时生长得十分旺盛。

▲ 仙女木植株矮小，一般从基部分出多枝花茎来，开出白色花朵

提供食物

苔藓是极地地区典型的植物。极地地区大约有500种苔藓，它们被覆盖在厚厚的冰雪下面，能够为驯鹿等动物提供食物。

▶ 苔藓

生活在水里的植物

植物大多都扎根在土壤中，但也有一些植物能在水中生长。人们一般把能够长期在水中正常生长的植物称为水生植物。它们用自己优美的身姿和绚丽的色彩，点缀着水面和岸边，形成独特的风景线。

形态特征

为了能在水里正常呼吸，水生植物大多具有发达的通气组织，在身体里形成一个输送氧气的通道网。它们有的叶片面积增大，叶面气孔数量增多，有的在植物体内长有许多孔眼，这些孔眼互相连接，用来输送氧气和养分。

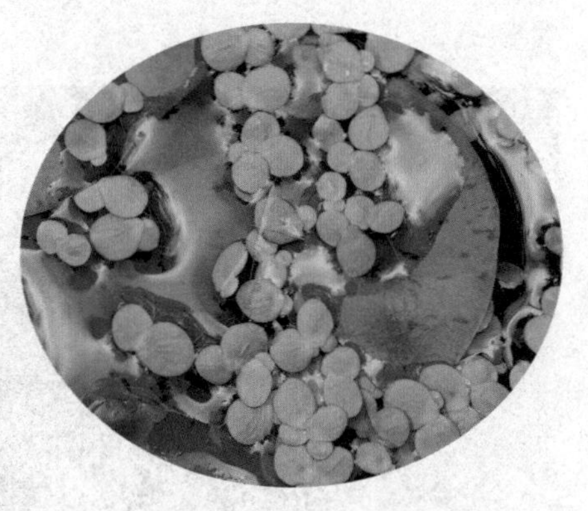

▲ 浮萍是一种漂浮在水面上的水生植物，会随水流四处漂流

▲ 朱鹮在水边

生命食粮

水生环境中生长着种类众多的水草，它们是牲畜的饲料、鱼类的食料、水鸟的粮食、昆虫的食物，同时也为各种鱼类繁殖提供了绝佳的场所。

生态作用

水生植物在进行光合作用时，能够释放大量的氧气，同时还能吸收水中的重金属污染元素和有机污染物，起到改善水质、恢复水生生态环境的作用。

▲ 菱是典型的浮叶水生植物，有“水中落花生”之称

荷花是一种常见的水生植物，它的根固定在水下土壤里，叶柄和莲藕中都有很多通气孔，可以在水中顺畅地呼吸。

固堤护岸

水生植物的生长繁殖改善了土壤的结构和性能，提高了土壤的持水性。另外，有些水生植物的根系具有较强的扭结力，可以加固土壤，在一定程度上减轻了水流对土壤造成的冲刷和侵蚀。

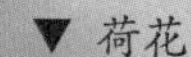

▼ 荷花

长在湿地的植物

湿地植物泛指生长在过度潮湿环境中的植物，它们是湿地生态系统的重要组成部分。它们有的生长在水底，有的漂浮在水面，有的挺立在水边，种类极其繁多。湿地植物在自然界具有特殊的生态价值，特别是在净化水质方面有着重要的作用。

种类繁多

香蒲、芦苇、石菖蒲、水虎尾、慈姑等都是典型的湿地植物，它们相互竞争、相互依存，构成了多姿多彩、类型丰富的湿地王国。

▲ 香蒲

芦苇多数生长在低湿地或浅水中，它的秆可以造纸，也可以用来编织物品，它还是一种适应性很强的优良牧草。

▲ 芦苇

改善湿地生态

湿地植物与湿地生态系统中的水体、动物和微生物等相互作用、相互影响，使得整个湿地生态系统平衡运转，发挥着净化空气、净化水体、输送氧气等功能。

净化水质

湿地植物通过过滤、吸收和吸附等过程来实现对水中污染物的高效净化，再通过土壤以及微生物等的降解作用，逐步将污染物从湿地生态系统中去除。

▲ 湿地水草丛生的环境为各种鸟类提供了丰富的食物来源和营巢、避敌的良好条件

净化作用的影响因素

湿地植物的净化作用会受到温度、水分、植物种类等各种因素的影响，特别是受湿地水体中污染程度的高低影响很大。污染程度过高容易造成植物死亡，污染程度过低又不利于植物摄取养分。

古老的孑遗植物

孑遗植物也被人们称为活化石植物，因为它们的起源十分久远。它们曾经在新生代昌盛一时，在地球上占有广大面积。后来由于地层和气候的变动，它们中的大部分都消失了，只有极少数侥幸存活下来。

起源久远

孑遗植物在新生代第三纪或更早有广泛的分布，但是由于地质变化和气候变化等原因，它们中的大部分无法适应新环境而灭绝，只有少部分存活了下来。存活下来的植物保留了其祖先的原始形状，一直繁衍到今天。

▲ 桫椤曾是地球上最繁盛的植物，它和恐龙被称为“爬行动物时代”的两大标志物种

不可替代性

孑遗植物具有许多原始性状，对研究古生物和地质、气候变迁具有重要意义。而且它们的生长范围狭小，进化十分缓慢，多数亲族也已经灭绝，因此在科学研究上具有不可替代的重要性。

▲ 鹅掌楸

珍贵树种

孑遗植物包括银杏、水杉、红豆杉、台湾杉、鹅掌楸、笔筒树等。银杏、水杉等还是我国的特有物种，是古老且珍贵的树种，具有重大价值。

▲ 水杉

◀ 银杏

银杏是一种古老而珍贵的乔木，是裸子植物的代表。它的历史非常悠久，早在2亿多年前就在地球上诞生了。

保护措施

对于孑遗植物的保护，适宜生存环境的开发以及对它们进行遗传多样性的保存是实施保护的关键。同时制止人们开山、伐林等破坏行为，也是保存现有孑遗植物个体和种群的一种有效办法。

珍贵的稀有植物

有些植物本身具有独特的价值，但现存数量非常少，这样的植物被称为稀有植物。如果我们不对这些植物给予重视和保护，它们就可能从地球上消失。失去任何一种稀有植物都将影响生态平衡和可持续发展。

稀有的原因

稀有植物对生长环境要求极高，不仅要具备一般植物生长的光线、温度、湿度、空气和土壤等要素，还要符合它们自身独特的生长需要。除此之外，有些人的保护意识欠缺，他们为了谋取私利，过度采挖，导致稀有植物更为稀有。

▶ 巨杉的树龄极长，可以达到几千年，因此又被称为“世界爷”

▲ 珙桐是一种高大的落叶树，它只生长在中国云南等省的原始森林中，极为珍稀罕见

珍贵树种

金花茶、台湾杉、珙桐、银杉、望天树等都是我国著名的稀有植物。它们中的大部分只能生长在高海拔地区或其他的特定环境中，是非常珍贵的植物资源。

宝贵财富

稀有植物不仅对生态环境有着重要作用，而且在经济和科学研究方面同样具有重要价值，是大自然赐予人类的宝贵财富。

世界上大部分的野生金花茶分布在我国，国外称它为神奇的东方魔茶，被誉为“茶族皇后”。

▲ 稻城亚丁国家级自然保护区

▲ 桫椤由于地质变迁和气候变化，特别是第四纪冰期的影响，加之大量森林被破坏，种类濒临灭绝，分布区也大幅度收缩，仅残存于热带、亚热带

保护稀有植物

目前，地球上有不少稀有植物处于灭绝的边缘。为了保护稀有植物，我国已经在华北、东北、华南等地区建立了许多自然保护区。这些自然保护区可以确保稀有植物更好地生存和繁衍。

濒临灭绝的植物

物种的灭绝和新物种的形成本来是一个自然的演化过程，但是近年来，由于经济快速发展、人口迅速增长、环境破坏严重等原因，地球上大批植物处于濒危或濒临灭绝的状况，给生物多样性带来巨大影响。

植物危机

人类对植物资源的滥用和掠夺性开发，以及破坏植物生存环境等行为是导致植物濒危的主要原因。除此之外，气候变化、外来物种入侵等也是造成植物濒危的原因。

▲ 人类活动破坏了植物的生存环境，造成许多植物濒临灭绝

药用价值

许多野生濒危植物都具有重要的药用价值，是制药不可缺少的原料。比如生长在我国高山上的雪莲花就具有通经活血、散寒除湿、止血消肿、排除体内毒素等作用。

▲ 天山雪莲是唯一列入《中国植物红皮书》的雪莲植物，是中国国家三级濒危物种

▲ 荷叶铁线蕨是一种中国特有的蕨类，它起源古老，分布范围狭小，存活数量极少

严酷现实

全球现有数百种植物正面临绝种危机，比如蕉木、荷叶铁线蕨、萼翅藤、沙冬青、醉翁榆、羊角槭等，这些濒危植物随时都有消失的危险。

我国虽然生物物种非常丰富，但目前我国生物多样性退化的总体趋势尚未得到遏制，保护濒危植物刻不容缓。

保护濒危植物

物种之间是相互依存的，一个物种的消失往往可能导致另外几十种伴生物种的生存危机，并对整个生态系统都产生巨大影响。人们为了避免出现这种情况，采取了大量保护措施，迁地保护就是其中一个重要举措。

不容忽视的现状

植物作为地球的“开拓者”，本该受到应有的重视和保护，但是近百年来，人类为了大力发展经济，肆意破坏植物的生存环境。尽管植物为我们提供了生存所需的粮食和氧气，但是我们却使植物在地球上的生存越来越艰难。

▲ 湿地为地球上许多物种提供了生存环境，具有不可替代的生态功能，因此享有“地球之肾”的美誉

湿地不断退化

湿地是许多珍稀野生植物的生存地，但是受经济发展、城市化进程、气候变化等影响，湿地退化已经成为一种全球现象。欧洲大部分国家，如荷兰、德国、意大利等原生湿地面积损失均超半数。

地球上现存植物有35万~50万种，但是其中有 1/3 左右因为人类破坏、环境污染等原因而面临危机。

逐渐消失的绿洲

绿洲是沙漠中少有的水草丰茂地带，堪称“沙漠明珠”。但是近年来许多沙漠里的绿洲面临着逐渐消失的危机。我国甘肃省境内的月牙泉绿洲原本水深湖广，但近年来湖中水位大幅度下降，经过几年的应急治理，才免于消失。

▲ 近年来，月牙泉水位不断下降，水位最低时不足 1 米

濒危植物的生存

世界自然保护联盟指出，目前全球约有超过 1/5 的植物种类面临灭绝。其中我国就有绒毛皂荚、普陀鹅耳枥等近 6000 种植物由于环境的变化而面临绝种危机。

水生植物污染

水生植物是净化水体的重要成员，但是近年来由于外来物种入侵、随意养殖以及水体过度污染等原因，水生植物的生存越来越艰难。

◀ 美人蕉的叶片极易受害，反应灵敏，被人们作为监测环境污染的植物监测器

来自人类的威胁

植物如今遭到的种种危害，除了部分地质变化、气候变化等自然原因外，最大的威胁来自人类。随着社会经济不断发展，人们的物质需求急剧增加，越来越多的人去侵占植物的领地，或是以伤害植物的方式来达到自己的目的。

毁林开荒

很早以前人们就有毁林开荒的习惯，那时候人们一般采用放火烧林的方法来得到需要的耕地。近代以来，依然有很多人沿用这个方法，只是手段更加先进，毁林开荒的面积也更大。

▲ 人们为了得到更多的耕地，曾放火烧毁大片森林

排放污水

工业生产给人们带来便利的同时也给植物带来了生存危机。大量工业污水没有经过处理就排放出去，严重污染周边的土壤以及河流，造成植物大面积死亡。

▲ 人们把工业污水和生活废水随意排放到河流中

过度需求

随着物质生活水平的提高，人们对稀缺物品的需求也越来越大。一些用崖柏、红豆杉等珍稀树种制作的工艺品及家具受到人们的大力追捧，这给珍稀树种的生存带来极大危害。

▲ 人们选用一些天然珍稀木材来制作家具

外来物种入侵

人们在国际交往过程中，有时会有意或无意引进一些外来植物物种。这些物种在新的栖息地由于缺少天敌或其他原因而大量繁殖，迅速侵占栖息地，严重危害到当地植物生存。

望天树是我国特有的珍稀树种，分布范围非常狭小。人为破坏望天树的生存环境是导致它们减少的主要原因。

◀ 原产于巴西的水生植物凤眼蓝进入我国后，在河流、湖泊等水域迅速扩散，容易造成水质和环境污染问题

水土流失

地球植被遭到大面积破坏之后，各种问题接踵而来，水土流失就是其中之一。当地表失去了植被的保护，在水力、风力等外部力量作用下，土地表面被侵蚀或破坏，造成耕地面积减少、土壤肥力下降、农作物产量降低等严重危害。

▲ 缺少植被的土地容易被大雨冲走，造成水土流失

原因

人们对土地不合理的利用，肆意破坏地表植被和稳定的地形是造成水土流失的主要原因。除此之外，高强度的持续降雨等，形成对地表的冲刷侵蚀，也会造成水土流失。

恶劣影响

严重的水土流失会使当地土地生产力下降甚至消失，还可能淤积河道、湖泊等水域，污染水质，影响生态平衡，给当地居民造成经济损失，甚至引发洪涝灾害。

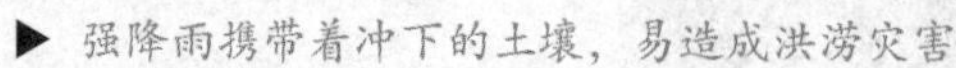

▶ 强降雨携带着冲下的土壤，易造成洪涝灾害

▲ 遭到破坏的土壤

我国现状

我国是水土流失非常严重的国家，每年流失掉的土壤达到几十亿吨。现在水土流失面积已经扩大到数百万平方千米，占到国土面积的 1/3 左右，严重制约了我国经济社会发展。

防治措施

为了改善水土流失状况，国家正在调整土地利用结构，将治理与开发结合起来。具体来说就是合理压缩农业用地，采用现代农业技术，提高土地生产力，同时尽量扩大林草种植面积，恢复植被。

我国的黄土高原是水土流失重灾区，那里植被稀少，沟壑纵横，但在几千年前，那里也曾森林密布，气候宜人。

▲ 现代农业注重运用科学技术提高生产力，更重视农田的长期发展

土地荒漠化

植被破坏带来的另一重危害就是土地荒漠化。近年来，由于气候变化和人类不合理的经济活动等多方面的原因,原本干旱、半干旱或具有干旱灾害的半湿润地区的土地发生了退化，有些土地更是直接变成了沙漠,给人类的生存带来极大的危害。

主要原因

人类活动是造成土地荒漠化的主要原因。人们在草原上过度放牧、对森林乱砍滥伐以及不合理地利用水资源等，致使土地严重退化，最终形成沙漠。

▲ 过度砍伐森林会给环境带来严重影响

▲ 土地荒漠化是关乎全人类的重大环境问题

生态问题

土地荒漠化是一个渐进的过程，但是它产生的危害却是持久和深远的。土地在逐渐退化的过程中，植被减少，干旱加剧，在一定程度上影响到当地气候，恶化当地的生态环境。

社会问题

土地荒漠化不仅仅是单纯的生态环境问题，而且直接表现为人类的经济和社会问题。它造成的可利用土地资源减少、土地生产力下降等危害，给人们带来了贫困和社会不稳定现象。

▲ 荒漠化的土地会造成农作物减产，直接影响人们的生活

世界范围内的土地荒漠化现象仍在加剧。全球现有十几亿人受到土地荒漠化的直接威胁，还有部分人在短期内有失去土地的危险。

治理对策

对于土地荒漠化的治理应该从减缓或消除人口对于土地的过大压力入手，可以采取的措施很多，退耕还林、植树造林、建造防护林等都是不错的办法。

▶ 逐渐荒漠化的土地

退耕还林

为了改善当前的植被情况，人们制定了一系列有效措施，退耕还林就是其中一种。人们将容易造成水土流失的坡地和耕地有计划、有步骤地停止耕种，按照当地土地情况，因地制宜地种植林木或草本植物，恢复当地植被。

实行原因

多年来，人们为了解决温饱问题，不断将山林、河滩等地开垦出来作为耕地，这样不仅使地表失去保护，还极大地破坏了生态环境。人们逐渐意识到这样做是不正确的，所以有了退耕还林行动。

实施办法

为了更好地实现退耕还林，人们实施了一系列办法，包括对实施区域内的现有林草植被采取封禁措施严加保护；按标准提供补偿，带动人们的积极性；采取承包方式明确责任等等。

▲ 人们试图通过退耕还林尽快恢复当地植被

重要意义

一方面，退耕还林增加了绿化面积，改善了生态环境，在涵养水源、防风固沙、防止水土流失等方面起到了很好的作用；另一方面，将当地的荒山、荒地变成林地，进一步增加了农民的收入，对稳定社会也起到一定作用。

目前，我国在退耕还林方面的各项建设进展良好，在保护生态环境方面取得了明显成果。

植树造林

植树造林是培育森林的基本环节，是人们保护植物的具体措施。人们一般将种植面积较大，而且将来能形成森林的，称为造林；如果种植面积较小，将来不能形成森林的，就称为植树。每一个人都可以做到植树造林，为我们的地球家园贡献一份力量。

人工森林

人们根据林木生态适应性和生长发育规律进行科学的植树造林活动，培育出了一大片人工森林。人工种植是扩大森林面积、改善生态环境和缓解木材供需矛盾的主要途径之一。

▼ 人工林

选择树种

人们在植树时，一般会选择杉树、松树、槐树等分布范围广、生长速度快或具有经济价值的树种。

▲ 槐树

▲ 植树活动可以从小培养孩子保护植物的意识

植树活动

我国将每年的3月12日定为植树节，而国外一些国家则把每年的3月21日定为植树节或植树日，旨在呼吁大家植树造林保护环境。

◀ 沙棘树

环保意义

一棵树的作用是巨大的：它的根可以固土，它的树叶可以净化空气减少污染，它的树干和枝叶可以防风挡沙。许多的树形成了森林，一片森林的作用就更加巨大，因为它是无数棵树在一起发挥作用。

气候组织联合中国绿化基金会、联合国环境规划署共同发起了“百万森林”项目，目标是种植百万棵沙棘树。

▲ 种一棵树看起来没有什么，但长期坚持下去就会形成茂密的森林

营造防护林

防护林是人类为了防御自然灾害、维护基础设施、保护生产力和改善环境所营造的森林，它们对区域内的土壤、气候、水文和生物等产生着深刻的影响。防护林既有从天然林中划定出来的，也有人工营造的。

防护林分类

防护林一般具有特定的防护目的，根据它们各自不同的功能可分为水土保持林、水源涵养林、防风固沙林、农田防护林和环境保护林等等。

防护林的作用

防护林除了拥有与森林共同的作用外，还与人类经济发展密切相关，在保护农田、果园、牧场等方面有着杰出贡献。

三北防护林工程

我国为了改善生态环境，在西北、华北和东北地区建设了大型的人工林业生态建设工程，称为三北防护林工程。它对西北、华北和东北地区生态平衡的重建、恢复和改善起到了决定性的作用。

未来发展

预计到2020年，我国要实现森林覆盖率达到20%以上，建成比较完善的森林生态体系，使风沙危害和水土流失得到有效控制。

▶ 防护林

海防林在防风减灾方面有着不可替代的作用。每当狂风巨浪扑来时，海防林就成为一道天然的屏障。

中国自然保护

我国疆域辽阔，自然资源充足，为植物的生长提供了优越的自然条件，形成了丰富的野生植物区，是世界范围内的植物资源大国。但目前，我国野生植物物种正面临不断减少的严峻形势，需要进一步加强保护。

健全保护制度

为了加强野生植物的管理和保护，我国颁布了多部保护条例，一些省份也相应地制定了地方性法规，积极保护当地有价值的野生植物。

▲ 四川都江堰虹口自然保护区以其364平方千米的森林植被成为国家级的自然生态保护区

加强科学研究

为了更好地保护植物资源，我国各有关部门正在着手建立全国性的植物资源监测系统，了解各种野生植物的分布区域和生长情况，为保护植物提供科学依据。

▼ 湖南湄江风景区内自然风光优美，奇特的地质景观和郁郁葱葱的森林构成了一幅险峻秀美的天然图画

◀ 四川九寨沟国家级自然保护区内森林覆盖率超过80%，并且还有银杏、红豆杉等70多种国家珍稀植物，是全国生物多样性保护的核心之一

截至2000年年底，我国已经建立各种类型的自然保护区1000多处，总面积达100万平方千米，位列世界前茅。

参与国际行动

1992年，我国签署加入了《生物多样性公约》，积极保护濒临灭绝的植物和动物，最大限度地保护地球上多种多样的生物资源。

▲ 广西阳朔境内植物种类众多，是著名的生态景区分布地

▲ 江西婺源被誉为“中国最美的乡村”，那里林木葱郁、峰峦叠嶂，特别是每年油菜花盛开的时节格外美丽

中国植物保护学会

中国植物保护学会是由我国植物保护科学技术工作者自愿组成的社会团体。学会成立40多年来，对我国的植物保护科学技术事业做出了极大的贡献。

全球保护行动

植物的存亡关系着整个地球的存亡，因此不仅我国在为植物保护做出努力，全世界都在为植物保护付出行动。近几十年来，全球各国成立了多个有关植物保护的组织，致力于在全球范围内保护具有重要生态价值的植物。

国际合作

世界各国为了更好地保护植物，积极开展国际合作，在植物保护现状、科学技术、植物资料等方面进行沟通交流，以便对本国的植物保护机制及时做出调整和改变。

国际植物保护科学协会

国际植物保护科学协会是一个在全球范围内提供论坛，促进各国在植物保护方面交流与合作的国际组织，开创并推动了各个国家和地区及全球植物保护科学研究。

▲ 随着社会的发展，已经有越来越多的人加入到保护植物的行列中来

《国际植物保护公约》

《国际植物保护公约》是一个有关植物保护的多边国际协议，它为各个国家和地区的植物保护组织提供了一个国际合作、协调一致和技术交流的框架和论坛。

重要意义

世界各国共同合作有助于提高植物保护的效率，同时还能对需要帮助的国家和地区提供经济、资源、技术等支持，真正做到共同保护地球家园。

2012年5月18日举行了第一届“国际植物日”活动，旨在让更多人感受到植物的魅力，从而关注植物并予以保护。

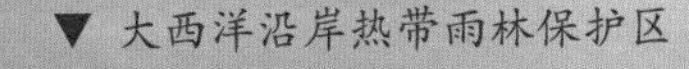

▼ 大西洋沿岸热带雨林保护区

国际植物园保护联盟

国际植物园保护联盟是世界上最大的植物多样性保护机构，它在过去30年里已经发展成为一个拥有120多个国家800多个植物园成员的全球植物园保护网络，成为世界上最具影响力的植物保护组织。

主要职责

国际植物园保护联盟的主要职责是协助各国实施植物保护措施，利用全球植物园系统为各国的植物园提供专家意见和技术支持。

▲ 潘塔努自然保护区位于巴西中西部，是一个大型淡水湿地生态保护区

▲ 贾河动物保护区位于喀麦隆南部高原的中心地区，拥有非洲最大和最好的雨林

保护方法

保护植物最为有效的一项措施是实施就地保护，意思是以建立植物园等自然保护区的模式，将有价值的植物及其栖息地保护起来，这是拯救植物最有效的手段。

召开会议

目前，全球植物种类正在以空前速度消失。为了遏制这种局面，国际植物园保护联盟在2002年召开了国际会议，成功通过《全球植物保护战略》，积极协助各国进行植物保护。

▲ 位于巴西戈亚纳的塞拉都保护区拥有世界上最古老和最多样化的热带生态系统

为了更好地保护濒危植物，我国向国际植物园保护联盟申请成立保护项目，成功将多棵长梗木莲引种回原产地。

设立中国办公室

我国的植物多样性非常丰富，一直是国际植物园保护联盟的重要成员国之一。2007年，国际植物园保护联盟在我国成立了中国项目办公室，并成功启动了多个植物多样性保护项目。

▲ 喀纳斯综合自然景观保护区位于新疆最北部阿尔泰山南坡，是新疆针叶林树种最多、人类影响最小、原始状态保存最完整的地区

打造绿色家园

保护植物、建设绿色家园是每个人应尽的责任。我们应该积极、自觉地行动起来，加入保护植物、保护环境的行动中去。从我做起，从身边的小事做起，从现在做起，一起保护我们唯一的地球家园，营造健康舒适的生活环境。

保护花草树木

在我们身边有很多花草树木，比如公园里的观赏花，道路两旁绿化带里的绿化树，甚至是路边的小草等，都是需要我们去保护的植物，不要随意破坏它们。

▲ 公园的草坪总是会竖起爱护花草的小标牌，提醒过往行人不要去踩踏

▲ 书本中的知识要被人掌握，书的价值才得以实现。所以家中如果有长期不看的书，不妨把它们送给真正需要的人

节约用纸

很多纸张都是由树木纤维制作而成的，而且纸张在生产过程中还会对环境造成一定污染。为了节约木材的使用，我们可以把用过的课本转送给低年级的学生，让书本循环利用起来。

停止使用一次性餐具

大部分一次性筷子、一次性纸杯等用具也是由树木生产出来的。我们在外面用餐时，应该尽量使用自己的餐具，而不要使用这样的一次性餐具。

▶ 为自己准备一双筷子随身携带，这并不是一件难事，却能节约大量一次性筷子的使用

▲ 天气晴好的时候，和家人一起去山中游览，能帮助我们减压

亲近大自然有助于帮助人们认识到保护环境的重要性，因此适当的郊游是非常有必要的。

废物利用

人们可以将废弃的旧报纸做成各种各样的环保衣服，或者是将不用的硬纸片做成其他小手工艺品，提高纸制品废物利用率，打造绿色家园。

▲ 人们可以将回收的废纸进行再处理，得到合格的纤维，重新用于纸制品的生产

绿色家园——环保从我做起

爱护绿色植物